BEI GRIN MACHT SICH IHR WISSEN BEZAHLT

- Wir veröffentlichen Ihre Hausarbeit, Bachelor- und Masterarbeit

- Ihr eigenes eBook und Buch - weltweit in allen wichtigen Shops

- Verdienen Sie an jedem Verkauf

Jetzt bei www.GRIN.com hochladen und kostenlos publizieren

Bibliografische Information der Deutschen Nationalbibliothek:

Die Deutsche Bibliothek verzeichnet diese Publikation in der Deutschen National-
bibliografie; detaillierte bibliografische Daten sind im Internet über http://dnb.d-
nb.de/ abrufbar.

Dieses Werk sowie alle darin enthaltenen einzelnen Beiträge und Abbildungen
sind urheberrechtlich geschützt. Jede Verwertung, die nicht ausdrücklich vom
Urheberrechtsschutz zugelassen ist, bedarf der vorherigen Zustimmung des Verla-
ges. Das gilt insbesondere für Vervielfältigungen, Bearbeitungen, Übersetzungen,
Mikroverfilmungen, Auswertungen durch Datenbanken und für die Einspeicherung
und Verarbeitung in elektronische Systeme. Alle Rechte, auch die des auszugsweisen
Nachdrucks, der fotomechanischen Wiedergabe (einschließlich Mikrokopie) sowie
der Auswertung durch Datenbanken oder ähnliche Einrichtungen, vorbehalten.

Impressum:

Copyright © 2008 GRIN Verlag, Open Publishing GmbH
Druck und Bindung: Books on Demand GmbH, Norderstedt Germany
ISBN: 9783640545315

Dieses Buch bei GRIN:

http://www.grin.com/de/e-book/141004/unterrichtsstunde-wuerfelnetze-wie-viele-
verschiedene-wuerfelnetze-gibt

Melissa Naase

Unterrichtsstunde Würfelnetze: Wie viele verschiedene Würfelnetze gibt es? Wo muss man das Quadrat anfügen, damit es ein Würfelnetz wird?

GRIN Verlag

1. Thema der Reihe: Würfelnetze

2. Aufbau der Reihe

2.1. Thema der 1. Stunde: Wiederholung Würfel- Würfelnetz oder kein Würfelnetz

2.2. Thema der 2. Stunde: Welche Würfelnetze gibt es? Wie viele verschiedene gibt es?

2.3. Thema der 3. Stunde: Wie viele verschiedene Würfelnetze gibt es? Wo muss man das Quadrat anfügen, damit es ein Würfelnetz wird?

2.4. Thema der 4. Stunde: Wo muss man das Quadrat anfügen, damit ein Würfelnetz entsteht?

2.5. Thema der 5. Stunde: Welche sind gleich? Vergleich von Würfelnetzen in verschiedenen Faltzuständen

2.6. Thema der 6. Stunde: Ergänzendes Wo ist die Deckfläche? (Vorgeben einer Grundfläche)

2.7. Thema der 7. Stunde: Wo sind die Pfeilspitzen beim zusammengeklappten Würfel?

2.8. Thema der 8. Stunde: Würfel kippen- Wo ist die Deckfläche nun?

2.9. Thema der 9. Stunde: Würfel kippen- Wie gelangt der Würfel in die vorgegebene Position?

2.10. Thema der 10. Stunde: Würfelnetze/Quadernetze- Gemeinsamkeiten und Unterschiede; Kippen von Quadern

3. Lernmöglichkeiten für die Kinder der Klasse

Der Würfel ist ein Polyeder, da er von 6 kongruenten Quadraten begrenzt wird.

Er weist 12 Kanten und 8 Ecken auf. Jede Fläche ist rechtwinklig zu jeder ihrer Nachbarflächen und alle Kanten treffen sich rechtwinklig in einer Ecke. Außerdem ist der Würfel einer der 5 platonischen Körper. Die Oberfläche eines Würfels mit der Kantenlänge a beträgt $A = 6\,a^2$. Sein Volumen ist $V = a^3$. [1]

Will man einen Würfel aus Karton bauen oder wie später noch beschrieben einen Würfel „einkleiden" so benötigt man dafür ein „geeignetes Schnittmuster". Dafür gibt es genau mehrer Möglichkeiten. Durch Fallunterscheidung kann man zeigen, dass es genau 11 nicht kongruente Würfelnetze gibt.

So erhält man 6 Netze mit 4 Quadraten in einer Reihe, 4 Netze mit 3 Quadraten in einer Reihe und es gibt es 1 Netz mit höchstens 2 Quadraten in einer Reihe. [2]

---

[1] Vgl. Schülerduden Die Mathematik I – Mannheim 5. neu bearb. Auflage – 1990 S. 497f
[2] Vgl. Schülerduden Die Mathematik I – Mannheim 5. neu bearb. Auflage – 1990 S. 498

In dieser Stunde zur Unterrichtseinheit „Würfelnetze" sollen die SchülerInnen die gefundenen Würfelnetze der letzten Stunde noch einmal wiederholen. Dabei erstellt die Lehrperson zusammen mit den Kindern ein Plakat zur Übersicht. Dieses kann später auch in der Klasse aufgehängt werden. Dadurch, dass die Kinder alle Würfelnetze selber überprüfen bevor die Lehrperson sie auf das Plakat klebt wird eine motivierende Wirkung erzielt.

Dies sind alle möglichen 11 Würfelnetze:

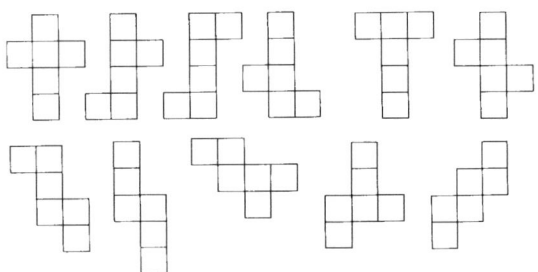

Diese Würfelnetze wurden zuvor von der Lehrperson aus farbigen Zetteln hergestellt, um zügig in der Stunde voran zu kommen. Dabei sind jeweils gegenüberliegende Zettel von gleicher Farbe. Dies wird den Kindern noch nicht mitgeteilt, aber so besteht die Möglichkeit Verbindungen zum Thema Deckfläche herzustellen.

Die Aussage, daß es elf Würfelnetze gibt, steht am Ende der Herstellung des Plakates. Einige SchülerInnen werden sicherlich behaupten, dass es noch weitere Würfelnetzte gibt. Dies ist dann ein Anreiz für alle sich auch zu Hause noch mit den Würfelnetzen auseinanderzusetzen (freiwillige Hausaufgabe) um eine weiteres Würfelnetz zu finden. Hierbei werden einige Kinder wie auch schon bei der Erstellung des Plakates wahrscheinlich nicht daran denken, dass symmetrische Würfelnetze durch Drehen oder Spiegeln schon gefunden wurden.

Anschließend bekommen die SchülerInnen ein Aufgabenblatt, auf dem sie fast fertige Würfelnetze vervollständigen sollen (siehe Anhang). Hierbei fehlt je eine Fläche des Würfelnetzes, welche an verschiedenen Stellen angefügt werden soll. Alle verschiedenen Stellen sollen von den SchülerInnen gefunden werden. Hierbei wird allerdings das Plakat von der Wand genommen wenn nötig, oder die SchülerInnen werden darauf hingewiesen, dass sie ohne Hilfe des Plakates arbeiten sollen. So wird erreicht, dass die SchülerInnen noch einmal intensiv über die Würfelnetze und die notwendigen Bedingungen, die sie aufweisen müssen, nachdenken. Zur Hilfe dürfen die SchülerInnen wie schon in der Stunde zuvor Bierdeckel und Tesafilm zum Basteln von Würfelnetzen und zur Überprüfung zur Hilfe nehmen.

Das Zusammenstellen der 11 Würfelnetze und die Bearbeitung des Arbeitsblattes sind eine vorzügliche kopfgeometrische Übung zur Schulung der Raumvorstellung.[3]

So wird man viele Kinder erkennen, die das Würfelnetz erst nocheinmal in die Hand nehmen müssen um das Ergebnis überprüfen zu können.

Als Hausaufgabe dient ein ähnliches Übungsblatt, auf dem wieder 2 Aufgaben zu finden sind. Dieses Übungsblatt bereitet gut auf die folgende Unterrichtsstunde vor.

Das **Hauptlernziel** ist die Schulung des räumlichen Vorstellungsvermögens der SchülerInnen, indem sie versuchen die Würfelnetze auf ihre Richtigkeit zu überprüfen.

Außerdem sind im Bildungsplan für die Grundschule die Unterthemen „Netze herstellen und untersuchen; Modelle von Würfel und Quader aus Netzen herstellen" vorgesehen. Doch auch hier ist das übergeordnete Lernziel die Schulung des räumlichen Vorstellungsvermögens.

„Es kommt also gerade nicht auf das Einschleifen von Sprechmustern und Fachtermini an, sondern auf die differenzierte eigene Handlungserfahrung mit elementaren Eigenschaften geometrischer Gebilde, auf die Ausbildung von Vorstellungen der Gegenstände und des Handelns mit ihnen sowie auf deren verständliche, aber nicht notwendig fachabstrakte Beschreibung."[4] Dies wird im Folgenden anhand des EIS-Prinzips nach Bruner noch genauer erläutert.

Die **Groblernziele** bestehen darin, dass die SchülerInnen die Aufgaben in entsprechender Zeit selbstständig und im Großen und Ganzen richtig lösen. Außerdem sollten sie sich, auch im Bezug auf Arbeitsmaterialien, selbst organisieren, als auch mit den MitschülerInnen koordinieren können.

Bei den Schülern soll eine motivierte bzw. interessierte Bereitschaft geweckt werden, sich mit geometrischen Problemen auseinanderzusetzen.

---

[3] Vgl. Radatz, Rickmeyer – Handbuch für den Geometrieunterricht an Grundschulen (Schroedel 1991) S. 56
[4] Bauersfeld, Heinrich: Grundschul-Stiefkind Geometrie. In: Die Grundschulzeitschrift. Sonderdruck Mathematik. Band 2: Geometrie und Sachrechnen. S. 9.

Diese Unterrichtsstunde entspricht sehr dem EIS Prinzip nach Bruner. So werden die Handlungen der SchülerInnen auf 3 verschiedene Darstellungsebenen übertragen- die enaktive Darstellungsebene, die ikonische und die symbolische Darstellungsebene.[5] Bei der **enaktiven** Darstellungsebene übertragen die Kinder mathematische Situationen auf ihren Lebensalltag. Sie werden selber aktiv, dadurch, dass sie das Würfelnetz selber zusammenkleben, falten und auf ihre Richtigkeit überprüfen. Dass die Objekte dieses Handelns in der Mathematik häufig ikonischen Charakter haben – wie etwa auch die Würfelnetze –, ist dabei kein Widerspruch, vielmehr die Chance zu einer Vernetzung enaktiver, ikonischer und schließlich auch symbolischer Darstellungsformen.[6] Berger sieht hierbei die Würfelnetze als „Kleider für den Würfel" um die Alltagsnähe herzustellen.[7] In dieser Stunde kommen vor allem die enaktiven und die ikonischen Ebene vor.

Die Übertragung auf die **ikonische** Darstellungsebene ist eine Übertragung der zuvor ausgeführten Handlung auf eine bildliche Ebene. Für das Thema Würfelnetze bedeutet dies, dass die Kinder die gefunden Würfelnetze als ein Raster wieder notieren. Es wird ein Schema eines möglichen Würfelnetzes hergestellt. Die Schwierigkeit hierbei ist die Übertragung vom Dreidimensionalen auf das Zweidimensionale.

Dies ist dann auch die **symbolische** Darstellungsebene, die Sprache der Mathematik in der der jeweilige Lerninhalt in die mathematische Fachsprache übersetzt wird. Damit dies möglich ist muss der Verständnisvorgang abgeschlossen sein, um abstrahieren zu können.[8]

Ein weiteres Prinzip, was hier zum Tragen kommt ist das dynamische Prinzip. Nach der vorbereitenden Phase mit der Herstellung des Plakates über die Würfelnetze erfolgt eine Erarbeitungsphase in der sich die SchülerInnen noch bewusster werden über die Struktur der Würfelnetze, da sie das fehlende Quadrat anfügen sollen. In der abschließenden Reflexionsphase an der Tafel können die SchülerInnen schon Gesetzmäßigkeiten formulieren, warum das Quadrat nicht an beliebiger Stelle angefügt werden darf.

Der Umgang und die Herstellung von Würfelnetzen bringt folgende **Feinlernziele** und die folgenden Lernzuwächse der Kinder mit sich: Die Kinder können:

---

[5] Vgl. http://lehrer.freepage.de/cgi-bin/feets/freepage_ext/41030x030A/rewrite/dominicschwenk/leseprob.htm (24.04.2008)
[6] http://www.prof-dr-berger.de/ws45dgeo/DGeo02.pdf (24.04.2008)
[7] Vgl. http://www.prof-dr-berger.de/ws45dgeo/DGeo02.pdf (24.04.2008)
[8] Vgl. http://lehrer.freepage.de/cgi-bin/feets/freepage_ext/41030x030A/rewrite/dominicschwenk/leseprob.htm (24.04.2008)

- ✓ Würfelnetze zeichnen und Würfel aus Netzen herstellen (durch Ausprobieren und Falten mit den Bierdeckeln)
- ✓ Grundeigenschaften von Würfelnetzen benennen
- ✓ Argumentieren warum ein Würfelnetz eins ist, und warum nicht (dadurch, dass sie die Grundeigenschaften der Würfel benennen können)
- ✓ Begriffe Ecke, Kante, Fläche (durch Vertiefung bei der Argumentation)
- ✓ Schulung der zeichnerischen Fähigkeiten (indem die Schüler die Würfelnetze auf dem Arbeitsblatt eintragen)

Folgende Metaziele des Lehrplans werden berücksichtigt:[9]

- ✓ Über Mathematik Argumentieren und Kommunizieren
- ✓ Problemlösen
- ✓ Modellieren (Würfelnetz erstellen und zur Problemlösung nutzen), Werkzeuge nutzen

---

[9] Vgl. Ministerium für Jugend, Kinder und Schule des Landes Nordrhein-Westfalen. (2003). *Richtlinien und Lehrpläne zur Erprobung für die Grundschule in Nordrhein-Westfalen.* Ritterbach Verlag

4. Stundenverlauf

Handlungssituationen	Organisations-/ Sozialformen	Medien	Situationsbedingte Alternativen
Einführung: 1. Vorstellung/Begrüßung 2. Erklärung des Stundenablaufs (Tafelbild)	Frontalunterricht	Tafel	
Erarbeitungsphase: • Wiederholung der schon gefundenen Ergebnisse der letzten Stunde. • Die Schüler stellen ihre Würfelnetze vor, indem sie sie mit den Pappkarten legen und mit den Klebestreifen zusammenkleben. • Erstellung des Plakates mit allen 11 Würfelnetzen.	Sitzkreis	Bierdeckel, Klebestreifen, Plakat, vorgefertigte Würfelnetze	
Erwartetes Ergebnis: Die Schüler stellen alle Würfelnetze her. Die Würfelnetze sind schnell auf das Plakat geklebt, da der Lehrer sie schon vorbereitet hat.			
Übungsphase: Bearbeitung eines Arbeitsblattes, auf dem 2 Übungsaufgaben sind.	Eigenarbeit Oder Partnerarbeit	Arbeitsblatt,	Anzahl der Lösungen vorgeben, Selbstkontrolle der ersten Aufgabe an der Tafel, 2. Aufgabe Kontrolle durch Frontalunterricht
Erwartetes Ergebnis: Die Schüler lösen die Aufgabe recht zielstrebig. Einige werden die Bierdeckel noch zur Hilfe benutzen. Vielleicht sind einige SchülerInnen nicht sicher, ob sie alle Lösungen gefunden haben.			

Abschlussphase:		
• Besprechung einer der Aufgaben des Übungsblattes an der Tafel. • Die Praktikantin stellt die Hausaufgabe (Übungsblatt siehe Anhang). • Schüler notieren diese in ihr Hausaufgabenheft	Frontalunterricht	Hausaufgabenheft, Arbeitsblatt, Hausaufgabentafel	• Arbeiten die SchülerInnen schneller als erwartet, so kann die Hausaufgabe schon in der Stunde begonnen werden. • Sieht die Lehrperson, dass es mehr Probleme gibt, als erwartet, so gibt sie keine Hausaufgaben auf. Eine weitere Übung folgt in der nächsten Unterrichtsstunde.

5. Medien

In dieser Stunde werden verschiedene Medien benutzt. Dies sind Tafel, Arbeitsblatt, PC, Plakat, sowie die Hilfsmaterialien zum Herstellen des Würfels (Bierdeckel, Klebestreifen). Die Tafel dient anfangs um den Stundenverlauf anzuschreiben. So haben die Schüler ständig einen guten Überblick, was während dieser Unterrichtsstunde noch geschieht.

Das Arbeitsblatt dient der Vertiefung und ist Hauptbestandteil der Übungsphase. Anhand dieses Mediums werden die SchülerInnen dazu motiviert ihr Wissen zu festigen, indem sie alle möglichen Würfelnetze, die aus dem vorgegebenen entstehen können, finden und aufschreiben sollen. Die Seite mathematikus.de habe wurde gewählt, da die SuS so besonders motiviert sind, da sie am PC arbeiten dürfen und eine gute Selbstkontrolle durch anschauliche Animierung erhalten.

Die Knappheit der Medien (Bierdeckel und Tesafilm) fördert außerdem auch das Sozialverhalten der Kinder, da sie sich absprechen müssen, was wer wann benutzen darf.

6. Literatur

- Bauersfeld, Heinrich: Grundschul-Stiefkind Geometrie. In: Die Grundschulzeitschrift. Sonderdruck Mathematik.   Band 2: Geometrie und Sachrechnen
- Radatz, Rickmeyer – Handbuch für den Geometrieunterricht an Grundschulen (Schroedel 1991)
- Schülerduden „Die Mathematik I". Mannheim 5. neu bearb. Aufl. -1990.
- Ministerium für Jugend, Kinder und Schule des Landes Nordrhein-Westfalen. (2003). *Richtlinien und Lehrpläne zur Erprobung für die Grundschule in Nordrhein-Westfalen.* Ritterbach Verlag

Internetquellen:

- http://lehrer.freepage.de/cgi-bin/feets/freepage_ext/41030x030A/rewrite/dominicschwenk/leseprob.htm (24.04.2008)
- http://www.prof-dr-berger.de/ws45dgeo/DGeo02.pdf (24.04.2008)
- http://mathematikus.de/ (16.02.2010)

7. Anhang

- Arbeitsblätter

Name: _____   Datum: _____

Arbeite mit einem Partner

1. Kreise die Netze ein, aus denen du einen Würfel falten kannst!

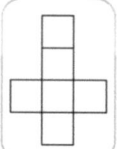 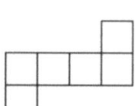  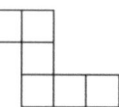

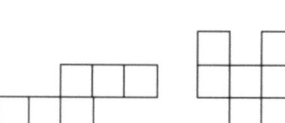 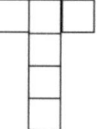 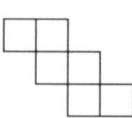

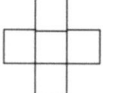 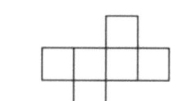 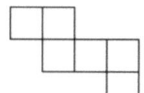

3. Bei diesen Würfelnetzen fehlt eine Fläche. Könnt ihr diese ergänzen?
   Findet ihr verschiedene Lösungen?

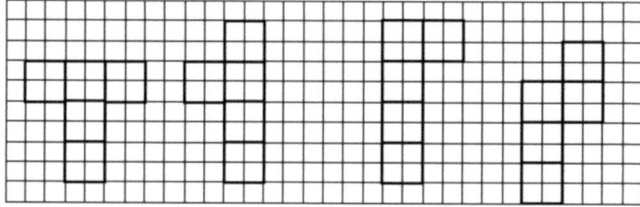

Hausaufgabe

Name: _____ Datum: _____

1. Gehe auf www.mathematikus.de .

Klicke zunächst auf den Drachen und dann auf den Würfel. Klicke anschließend auf Würfelnetze!

Ergänze die abgebildeten Würfelnetze und kontrolliere deine Lösung. Zeichne die Würfelnetze hier ein.

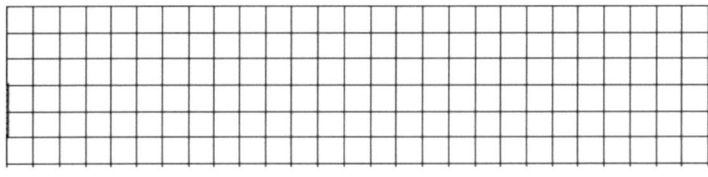

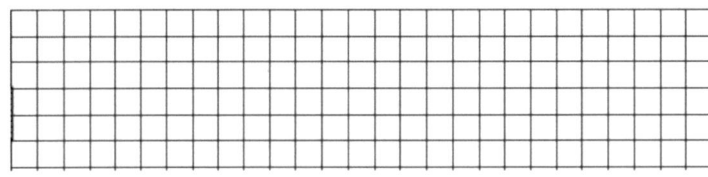